动物秘密大搜罗

动物生存的秘密

马玉玲◎编著

吉林科学技术出版社

目录

17 防暑小技巧
19 储食的烦恼
21 动物食谱
23 蹭吃王者
25 储水诀窍

5 最卖力的表演
7 最佳搭档
9 生命的延续
11 自立成长
13 温馨的大家庭
15 保暖小妙招

目录

27 入睡指南

29 秘密武器

31 艰辛的旅行

33 毒药研究室

35 “铁”嘴“铜”牙

37 逃生秘籍

39 私人保镖

41 动物课堂

43 动物清洁工

45 日常清洁

47 变装派对

动物界中最忠诚的伴侣是丹顶鹤，它们配对后终生不会分开。每年到了繁殖的季节，雄性丹顶鹤会格外地卖力，它会竭尽全力地将自己的魅力展现出来，用优美的舞蹈和嘹亮的歌声来打动雌性丹顶鹤的心。看，雌雄丹顶鹤羽毛蓬起，彼此对鸣、跳跃和舞蹈，画面真是美极了！

知识扩展

丹顶鹤的自我介绍：我叫丹顶鹤，主要生活在平原、沼泽、湖泊等地。鱼、虾是我喜爱的食物。对了，我还很受人们喜欢，因为我象征着长寿、忠贞、幸福、吉祥。

最卖力的表演

对动物而言，为了保证物种的延续，繁殖就显得至关重要。繁殖开始前，动物们首先要找到一个优秀的伴侣。在这期间，雄性成员必须表现得非常积极，它们有的一展歌喉，有的展现华丽的外表，有的展示自己强健的体魄……都使出浑身解数来吸引雌性的注意。一旦哪只雌性动了心，那么，离成功就不远啦。经过长时间的观察和接触，它们才会达到你情我愿，所以，求偶真不是件容易的事呢。

鸣叫和大角

每到繁殖期，雄麋鹿会很长时间不进食，不知疲倦地追求雌麋鹿，而且经常用鸣叫来警告那些企图靠近的其他雄性。雄麋鹿头上大大的角既是成熟的标志，同时也是雄性之间争斗的武器。

美丽的“花扇子”

生活在森林中的孔雀，虽然雌性的羽毛灰暗，但雄性却格外靓丽。在交配季节里，雄孔雀会像打开折扇一样，张开色彩绚丽、羽毛丰满的美丽长尾巴，在雌孔雀面前翩翩起舞。看，雌孔雀好像对它动心了。

深夜的演奏

夏天的夜晚，雄蟋蟀会像拉小提琴一样，鸣奏出悦耳动听的声音来吸引雌性。原来，这声音是靠翅膀摩擦发出的，不过对雌蟋蟀来说，这的确算得上是一首美妙的音乐。

独特的方式

这只雄性艾草松鸡竖起尖而长的尾羽，鼓起胸部的黄色气囊，然后再把气囊中的气体快速挤出，发出响亮的声音。为了获得真爱的芳心，它昂首阔步，不知疲倦。

空中特技

白头海雕的求偶行为像精彩的空中杂技表演。雌雄白头海雕先是在空中翻腾、俯冲，然后又振动翅膀向高空拔起。有时，两只白头海雕四爪相握，在天空中旋转和翻跟头，真是一项高难度的表演哪！

知识扩展

"金牌搭档"的自我介绍：事实上，土狼和獾更倾向与同类合作。只有当它们都落单时，它们才会选择彼此作为自己的合作伙伴。

土狼和獾都喜爱吃会挖洞的啮齿动物，那不如交个"饭友"吧。土狼擅长追捕，獾擅长挖洞，如果土狼追击的猎物躲回"家"中，獾就会进入猎物的"家"，将猎物赶出，土狼就能轻松地逮捕到猎物了。看来，"金牌搭档"的称号非它们莫属了。

最佳搭档

动物界有很多关系亲密的“搭档”，它们的存在给彼此带来了许多便利，尽管它们是不同的物种，但这并不影响它们之间的合作。长时间的合作，使它们配合得越来越默契，它们的团队中有的是体力担当，有的是视力担当，还有的是演技担当……事实上，大多数的合作只是为了能够美美地吃上一顿。

海洋顺风车

吸盘鱼会吸附在鲨鱼的身上，乘着鲨鱼去“旅行”。那么堪称海底“混世魔王”的鲨鱼为什么会允许“懒汉”吸盘鱼赖在自己身上呢？那是因为吸盘鱼会定时帮鲨鱼“搓澡”，给鲨鱼清理身上的寄生虫，谁不想干干净净的呢！

甜蜜的导航仪

蜜獾和向蜜鸟是一对甜蜜的“搭档”。野蜂的蜂巢往往建在高大的树上，向蜜鸟在飞行的过程中就能发现蜂巢的位置。于是，不能打开蜂巢的向蜜鸟便邀蜜獾来共享晚餐。等蜜獾将蜂巢捣碎，兄弟俩便能痛痛快快地大吃一顿啦！

捕猎小分队

北极熊、北极狐、北极鸥组了一个“捕猎小分队”。队中的成员各司其职，北极鸥负责搜寻猎物，北极狐负责“表演”，北极熊负责逮捕猎物。北极狐跑到猎物附近，假装正在嬉戏，如果猎物被吸引，那便意味着“小队”马上能“开饭”啦！

捕鱼 A 计划

小鱼若是躲进珊瑚丛，大个的石斑鱼就只有“干瞪眼”了，那是石斑鱼进不去的地方，幸亏有海鳗来帮忙。石斑鱼将小鱼逼进珊瑚丛，柔软的海鳗便趁机钻入珊瑚丛大吃特吃，而那些被海鳗吓得逃跑的小鱼，就让守在外面的石斑鱼逮了个正着。

独特的眼镜

很多时候，“高度近视”的犀牛并不能察觉到敌人的靠近，于是它便为自己配了一副“眼镜”——牛椋鸟。当牛椋鸟察觉到危险后，会发出“警报”提示犀牛注意安全。为了答谢牛椋鸟，犀牛将身上的寄生虫都承包给了牛椋鸟。

蓝脚鲣鸟在爸爸妈妈的共同照顾下长大，很多小伙伴都很羡慕它。蓝脚鲣鸟有着一双大而有力的脚，它们会用自己的脚把蛋保护起来。为了蛋宝宝的安全着想，在孵化蛋宝宝的这段时间里，蓝脚鲣鸟的爸爸妈妈会轮流外出寻找食物，留在家里的那个就负责照顾蛋宝宝。觅食时还能趁机透透气，这听起来真不错！

知识扩展

蓝脚鲣鸟的自我介绍：我叫蓝脚鲣鸟，主要生活在热带海洋及岛屿上。美味的鱼肉是我十分喜爱的食物。我的兴趣爱好是飞行、游泳。

生命的延续

宝宝是父母生命的延续，也是每个家庭的新鲜血液。不断有新成员出生，种群才不会走向衰亡。孵化幼崽可是头等大事，当然要亲力亲为。可是其中也有偷懒的父母，它们直接将宝宝寄养在其他动物的巢穴中，后续的事情就不管了，真的太不负责任了！准备好了吗？我们一起去迎接新生命吧！

寸步不离

版纳鱼螈的卵出生后，会被胶囊丝裹成一个小团。版纳鱼螈妈妈便用自己的身体将小卵团紧紧地包围起来，寸步不离地守候在宝宝身边，以防宝宝被伤害。等待的时间虽然漫长，但一点儿也不无聊，版纳鱼螈妈妈十分期待与宝宝的第一次见面。

能者多劳

白蚁过着群居生活，它们生活在一个大家庭里。这个家庭分工明确，蚁后和蚁王负责繁衍后代，兵蚁负责抵御外敌，工蚁负责觅食及其他的日常事务。蚁后产卵后，蚁宝宝也会交由工蚁照料。工蚁怎么这么多工作啊？这大概就是能者多劳吧！

放手的爱

与其他宝宝相比，杜鹃宝宝就没那么幸运了。偷懒的杜娟妈妈不但不会自己筑巢，还不愿意花费精力去抚养自己的宝宝。刚出生的杜鹃宝宝会被妈妈送到其他鸟类的巢穴中，交由“养父母”照料，可怜的杜鹃宝宝还没破壳就被送去“寄养”了。

柔软的床

鸭嘴兽的蛋壳非常柔软，也十分脆弱。为了蛋宝宝的安全着想，鸭嘴兽妈妈就充当起了蛋宝宝的床。鸭嘴兽仰躺在巢穴里，把蛋宝宝抱到自己的肚皮上，等待蛋宝宝孵化。大约 10 天后，鸭嘴兽宝宝就能成功破壳啦！

临时的家

鳄鱼蛋对生长环境十分挑剔。为了让宝宝惬意地长大，鳄鱼妈妈生下小宝宝后，会在池塘周围找一处僻静的地方，安置好宝宝。对了，鳄鱼宝宝的性别是由温度决定的，真让人大开眼界呢！

黄鼬的天敌太多了，这就要求它们必须从小学会独立生存的本领。小黄鼬还未成年就被父母逼去闯荡江湖了。这样会不会太残忍了？当然不会。这是为了提高小黄鼬的机敏度和培养它们的觅食能力。虽然小黄鼬的父母很不舍，但也不得不这么做。

知识扩展

黄鼬的自我介绍：我叫黄鼬，人们还给我起了个小名——“黄鼠狼”。我喜欢居住在石洞或树洞中。我很擅长爬树和游泳。

自立成长

你知道吗，在动物界中，并不是每一个“小朋友”都能拥有父母的宠爱和陪伴，有些“小朋友”可能一出生就要面对“如何生存”这个大难题。没有父母的守护，这些“小朋友”们只能逼迫自己迅速地成长起来。独自面对这个世界，可不是一件容易的事，那它们是如何保护自己、照顾自己的呢？

独立的蛇

小菱斑响尾蛇是个十分自立的宝宝，出生没多久的它就已经会用天生的毒牙来捕捉猎物了。小菱斑响尾蛇会尝试着捕食小老鼠、小蜥蜴等小型动物。不要小瞧哇，它这是在为日后成为一个优秀的捕猎者做练习呢！

蓄势待发的东部箱龟

东部箱龟妈妈生下小箱龟后，就立马踏上了新旅途，被留下的小箱龟就必须学会自己照顾自己。刚出生的小箱龟体力还很弱，只能靠卵壳内残留的卵黄维持生命。不过，别担心，再过几天，它们就有充足的体力前往沼泽附近的草丛中寻找自己喜爱的食物啦！

自立的蛾

美丽的虎蛾背后也有一段辛酸史。虎蛾宝宝从卵中孵化出来后，就要开启自己的觅食之旅了，虎蛾宝宝的胃口很好，用不了几天就能将身边的叶子吃光光。所以，在这之后，它们就需要不断地“搬家”。

漂泊的狗鲨

狗鲨妈妈将带着厚厚卵鞘的卵产在水草上，卵鞘的每个角都长有细丝，细丝可以牢牢地缠在水草上，小狗鲨人生的第一次旅行就这样开始啦！漂泊到哪里，是否能活下来，这就全看它们的运气啦！

坚强的红蝾螈

红蝾螈妈妈产下卵后，便一走了之了。幸运的是，红蝾螈妈妈将卵产在了水底的石头下，这才使宝宝们有了一个相对安全的孵化环境。刚孵化出来的小红蝾螈身上会有一个卵黄，那可是它们的宝贝，因为这足够它们吃好多天呢！

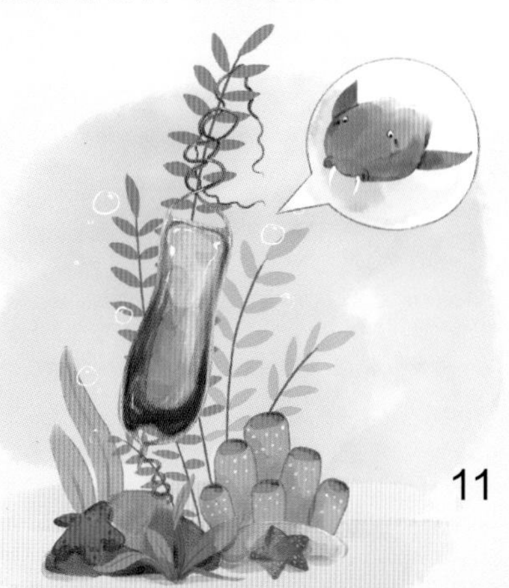

为了获得充足的食物，一到春天，旅鼠就得开启一段寻食之旅了。旅鼠会成群地从干燥的地区迁往潮湿的地区。旅途中难免会发生点儿小意外，不过，有了家人和朋友的陪伴，艰辛一点儿又有什么关系呢！

知识扩展

旅鼠的自我介绍：我叫旅鼠，主要生活在挪威北部的针叶林中。猫头鹰、雪鸮、北极狐、黄鼬都是我的“死对头”。

温馨的大家庭

自然界向来遵循着“优胜劣汰”的生存法则，所以一些动物就明智地选择了“搭伙过日子”。群居生活不仅使每个成员的功效发挥到了最大，同时，也给它们带来了更多的便利。这些群居动物会一起分享猎物，一起照顾新生宝宝，一起抵御外敌，一起渡过难关……它们就像一家人，给予彼此温暖和依靠。

漂浮的爱

虎鲸非常喜爱群居生活，就连睡觉它们也要挤在一块儿。瞧，这只虎鲸受伤了，它已经游不动了。值得庆幸的是，受伤的虎鲸并没有被同伴抛弃，它的同伴用身体托着它继续往前游呢！哪怕很累，它们也不会轻易放弃任何一个成员。

救命之恩

魑蝠以吸其他动物的血为生，如果连着三天都吸不到血，它就会被饿死。实在吸不到血该怎么办？放心吧，它们的同伴不会袖手旁观的。吸到血的魑蝠会将吸到的血吐出，喂给正在挨饿的魑蝠，这也太友爱了吧！

团结的力量

你是不是也好奇，蚂蚁群是如何渡河的？过河前，蚂蚁群会先在平坦的河滩上紧紧地抱成一团，渐渐地蚁群就聚成了一个大大的蚁团，接着蚁团会缓缓地滚向河中，用不了多久，蚁群就能成功到达彼岸了。看吧，这就是团结的力量！

外刚内柔

威猛的狮大王也有温柔的一面。当同伴外出捕猎时，留下的母狮便会担起“保姆”和“保安”的责任，照顾和保护幼崽。这些留下的母狮会给幼崽喂奶，陪幼崽嬉戏玩耍，为幼崽梳理绒毛……场面十分温馨。

绅士担当

非洲草原上的捕猎者最喜爱的食物之一就是非洲水牛了。当非洲水牛群遇到捕猎者的袭击时，雄性的非洲水牛会挺身而出，将雌性和幼崽挡在身后，避免它们受到伤害，同时也为它们提供逃跑的机会。非洲水牛真有绅士风度哇！

同样生活在极地地区的柳松鸡，仅靠一双脚，就适应了寒冷的环境。柳松鸡的脚上长满了温暖的毛，有效地帮助它抵御了严寒。柳松鸡两脚轮换着站立，当一只脚累了、冷了，就换另一只。单脚站立而眠，对柳松鸡来说也许是个不错的选择。

知识扩展

柳松鸡的自我介绍：我是柳松鸡，生活在北极苔原。叶子、树枝及植物种子都是我爱吃的食物。让我自豪的是，我还是美国阿拉斯加州的州鸟呢！

保暖小妙招

天气转凉的时候，妈妈会叮嘱我们注意保暖，多穿衣服。那没有保暖衣物的小动物们，岂不是要被冻坏啦？别担心，这可难不倒它们！这群家伙都有自己的保暖小妙招，让它们在严寒的环境中依然可以保持暖乎乎的状态。相拥在一起，厚厚的皮毛，饱满的皮下脂肪……都是它们的过冬神器。

宅男宅女

北极狐的毛又长又软，而且还很厚实，像是北极狐的毛衣，非常保暖。北极狐的巢穴，也是个“大功臣”，它们的巢穴能有效地挡住寒风。遇到暴风雪时，北极狐便会宅在窝里，一连好几天都不出门。听说，暴风雪天气与睡觉更配呢！

移动的“电热毯”

北极熊身上看似雪白的毛，实际上是无色透明的中空小管子。这些小管子，可以吸收和储存阳光的热量，就像一张跟随北极熊移动的电热毯。而且，北极熊的黑色皮肤也能吸收热量，所以，北极熊一点儿也不担心自己被冻着。

防寒“羽绒服”

帝企鹅要想生活在严寒的极地地区，仅靠抱团取暖可行不通，它们的羽毛也发挥着大作用。帝企鹅的羽毛分为两层，外层的管状羽毛可以防止冷空气侵入，内层的绒毛可以阻止热量流失。它们的羽毛就像是天然的羽绒服，真让人羡慕呢！

脂肪的力量

御寒有三宝：毛多，皮厚，脂肪高。生活在极地地区的海豹就是靠着厚厚的皮下脂肪抵御寒冷的。海豹的终极目标就是吃掉所有能吃的食物。不要误会，它们并不是贪吃。其实它们努力地吃，只是为了储备能量，这样才能暖烘烘地过冬。

变身奇才

比南极更冷的地方，是南极的海里。冬天，南极的海水刺骨难耐，生活在南极海里的磷虾也因此练就了一身好本领。磷虾为了度过严冬，会把自己的身体收缩至幼年时期的样子，以此来减少能量的消耗，真是不可思议！

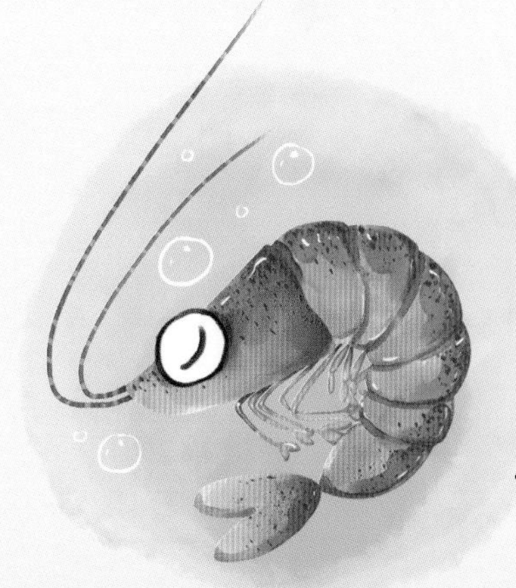

知识扩展

兔子的自我介绍：我叫兔子，主要生活在荒漠、草原、森林等地。我喜欢吃青草和胡萝卜。我有点儿胆小，你可千万别吓唬我！

“小兔子，白又白，两只耳朵竖起来……”兔子的耳朵，不仅仅起到美观的作用，它还是长在兔子身上的“空调散热器”。兔子的耳朵里满是毛细血管，升温时，能加速血液的流动，这时只要轻轻扇动耳朵，就能将热量排出体外啦。

防暑小技巧

在炎热的夏季，扇子、电风扇、空调是人类必不可少的解暑利器。动物们没有这些，它们会不会中暑啊？别担忧，这些家伙可比我们更会防暑呢！长长的耳朵，拍打的翅膀，厚厚的绒毛……什么！它们的毛不是用来御寒的吗？怎么还能防暑？你不信，那我们现在就去一探究竟，看看它们是怎样散热纳凉的吧！

一举多得的泥浆浴

不停地扇动耳朵会让大象凉快很多，再洗个泥浆浴就更棒啦！大象利用长长的鼻子吸水，给彼此来个泥浆淋浴。泥浆干后，不仅可以防晒、隔热，还可以抵御蚊虫的叮咬，脱落的泥巴还能带走细菌及死皮，起到清洁的作用。互帮互助的它们值得被表扬！

厚重的防晒服

动物们身上的毛不仅可以御寒，还能防暑呢！你看，骆驼身上穿的既是“毛衣”，又是“防晒服”。骆驼身体上长满了厚而密实的绒毛，是很好的隔热屏障，有效地减少了高温辐射所带来的热量。真想拥有一件这样两用的衣服啊！

毛茸茸的“遮阳伞”

松鼠的尾巴毛茸茸的，蓬松又柔软。松鼠的尾巴竖起来时，就像一把大大的遮阳伞，帮松鼠挡住了不少阳光，使松鼠免受酷热之苦。松鼠的尾巴，还是松鼠的“小被子”。晚上，松鼠会将“小被子”盖在身上，舒舒服服地睡上一觉。

天然防晒霜

河马酷爱泡澡，泡在水中虽然可以降低身体的温度，但却不能阻挡紫外线的照射。没关系，河马皮肤中分泌的粉红色黏液是天然的防晒霜。黏液干后，会形成坚硬的壳子，这壳子便能阻挡紫外线。是不是很神奇呀？

勤快的洒水工

天气炎热时，蜜蜂会从外面运点儿水回蜂巢。蜜蜂将运来的水喷洒在蜂巢上，再扇动可爱的小翅膀加速水的蒸发，热空气就被带走了。此时，蜜蜂就能享受到一间凉爽的空调房啦！能想到这样的降温方法，蜜蜂真是个小机灵鬼！

食物藏在外面，就会有被偷的风险，那就将它藏进自己的身体里，这样就没人能偷走啦！真是个好办法，聪明的骆驼也是这么想的。骆驼会将吃下的食物转化成脂肪藏进驼峰里，当食物短缺时，驼峰里的脂肪就转换成了供骆驼生存的养分。

知识扩展

骆驼的自我介绍：我叫骆驼，主要生活在戈壁地区。我可是人们的好帮手，人们不仅能用我代步，还能用我运送物资、耕地呢！

储食的烦恼

冬天寻找食物真困难，那就提前储存过冬的食物吧！吃饱后，剩下的食物也不能浪费，快将食物保存起来吧！新鲜的食物才美味，那就将食物保鲜吧……没有储物柜，该将食物放在哪？怎样存放剩余的食物才不会被偷？没有冰箱，如何将食物保鲜？别苦恼，学会如何储存食物可是动物们的必修课。

自制储物柜

秋天里看到松鼠，就别去和它打招呼了，它现在可没空搭理你。为了舒服地过冬，松鼠在秋季便开始准备过冬的食物了。松鼠会把采来的蘑菇挂到树杈上晾干，再在地面挖洞或利用树洞，用来存放坚果和晾干的蘑菇。

保鲜能手

“美食家”胡蜂对食物的品质有着相当高的要求，美味的食物当然要吃新鲜的才过瘾。秋天，胡蜂抓到小昆虫后，会用尾部的毒刺给小昆虫打上一针，使其麻醉，达到保鲜的效果。等到冬天，胡蜂就能享受到新鲜的食物啦！

空中保险柜

豹子是光盘行动的忠实践行者，一顿吃不完的食物，就“打包”带回去，下顿接着吃。豹子会把吃剩的食物挂在树上，等到饿的时候，再回来吃“剩饭”。把食物悬挂在树上可以有效地防止其他动物偷吃，“空中保险柜”可不是凭空而来的。

神奇臭液

貂熊的身体有着极其发达的臭腺，臭腺会分泌出一种难闻的臭液。貂熊将臭液洒在食物的周围，其他动物因嫌弃臭液的味道，就不会去盗取貂熊的食物了。遇到敌人时，狡猾的貂熊还会将臭液抹在身上，让敌人无从下口，它便可以趁机逃跑。

能量储存包

许多小动物都十分羡慕大鲵，因为它压根儿没有储存食物的烦恼。“吃什么”“吃多少”对大鲵来讲，其实并不是很重要。因为大鲵的新陈代谢非常缓慢，所以，它即使几个月，甚至一年不吃东西，也不会被饿坏。

黄翅斑鹦哥偏爱汁水丰富的野果，可有些野果是有毒的，误食后极其容易中毒。但幸运的是，黄翅斑鹦哥还喜欢吃白蚁丘中的土，这土中所含的物质可以有效清除野果的毒。所以，黄翅斑鹦哥把巢筑在废弃的白蚁丘里大概是为了方便解毒吧！

动物食谱

俗话说“民以食为天”，食物对动物也同样重要。小动物们只有吃饱了，才可以畅快地奔跑，自由地翱翔。可有些动物真令人头疼：有的挑食挑到将自己饿死；有的没有节制地吃，导致被食物撑死；还有为了吃上食物装死的……真让人担心。但是，它们当中也有值得学习的榜样。走，和我一起去看看它们的食谱吧！

营养均衡

你是不是以为兔子只吃胡萝卜？其实不是这样的，兔子是名副其实的营养师。兔子每天的食物十分丰富，除了会吃蔬菜外，还会吃一些谷物和瓜果，可谓是营养均衡。快和小兔子学起来，养成一个良好的饮食习惯吧！

来者不拒

亚马孙角蛙是蛙界中的“大胃王”。亚马孙角蛙真的很能吃，任何被它们看到的食物，它们都会竭尽全力地塞进嘴里，哪怕食物比它们大上几倍。有的亚马孙角蛙死时，嘴里还塞满了食物。“眼大肚皮小”说的就是它了。

挑食大王

鸟类大多以昆虫为食，有的也会以捕鱼为生，尖尾雨燕就是以鱼为生的鸟。尖尾雨燕有个挑食的坏习惯——不吃浅海鱼。这个挑食的家伙哪怕是饿肚子，也绝不肯碰浅海鱼，每年至少有好几百只尖尾雨燕因为挑食而被饿死，真让人担心。

死亡骗局

我国南方沿海地区有一种鲇鱼，喜食老鼠。为了吃到美味的老鼠，到了晚上，鲇鱼会游到岸边的浅滩，将尾巴露出水面，装死。贪吃的老鼠看见了“死鱼”，便会兴奋地去叼鲇鱼的尾巴。此时，鲇鱼会快速地将老鼠拖入水中，丰盛的晚餐就到手啦！

陷阱高手

蜘蛛是搭建陷阱的高手，它们可以用较少的丝，织出面积很大的网。织网这个大工程，是容不得半点儿马虎的。织好的网可以将那些没看见细丝的昆虫通通捕捉起来。昆虫投网后，网丝便会振动，蜘蛛便会闻讯赶来，享受美味的大餐。

大多数的鹭都是以鱼虾为主食，牛背鹭就不一样了，它以昆虫为主食。牛背鹭会跟在牛的身后，当牛捕食时，受惊的昆虫就会从草中飞出，此时，牛背鹭就会大展身手，将飞出的昆虫一网打尽。真是“得来全不费工夫”。

蹭吃王者

谁说"天下没有免费的午餐"，动物界就存在着这么一群"蹭吃大王"。这群懒家伙会跟随在其他动物的身后，等其他动物捕获到猎物，再伺机而动，趁机享受一顿免费的大餐。然而，捡漏也是有风险的，饿肚子也是常事。但有什么办法呢？谁叫它们不勤快一点儿。怎么就不明白呢？自力更生，才能丰衣足食啊！

坐享其成

有时，狮子猎获食物后，鬣狗就会跑去蹭吃猎物的残骸。不要以为鬣狗得了便宜，狮子大王的便宜可不是那么好占的。鬣狗猎获猎物后，还没来得及庆祝，狮子就来蹭吃了。这个霸道的蹭吃者一点儿也不客气，把肉都给吃光啦！这样的换餐真的太不划算了！

贪心的下场

有些虎鲸会等待在人类的渔船旁，捕食那些从渔网中逃出的大鱼。真不幸，好不容易逃过一劫的大鱼又成了虎鲸的"盘中餐"。有些贪心的虎鲸甚至还会钻进渔网中夺食，这时，虎鲸就成了非法渔民的瓮中之鳖了。

蹭吃智慧

蹭吃也需要智慧，毕竟一不小心就有落入敌口的危险。只有在老虎进食时，黑背胡狼才会出现在老虎周围。老虎吃饱后，黑背胡狼就能享用猎物的残骸了。老虎为何不趁机猎捕黑背胡狼呢？放弃嘴中的猎物，去追赶新猎物，这么浪费体力的事，老虎才不会做呢！

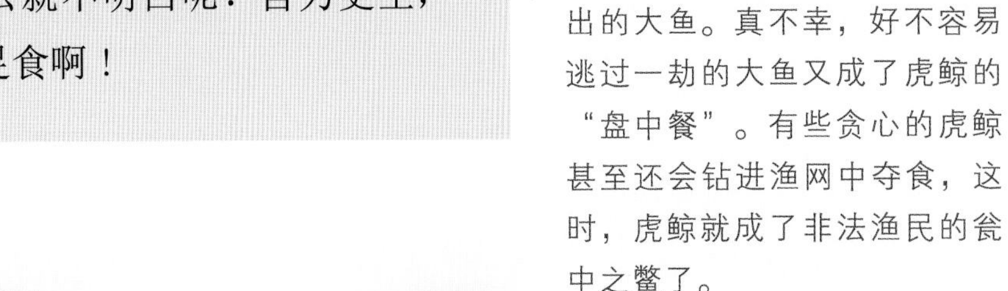

幸运宠儿

生活在潘帕斯草原的阿根廷巨鹰是大自然的"宠儿"，它们几乎没有天敌，也因此养成了懒惰的坏习惯。阿根廷巨鹰会肆无忌惮地去抢食其他动物猎得的食物，也会寻找动物的尸体，反正就是不会自己去捕猎。免费的食物谁不爱呢?

捡漏专家

"捡漏专家"当属兀鹫了。狮子和鬣狗享用完猎物后，就该兀鹫出场了。猎物残骸内的肉，是独属于兀鹫的美食。狮子和猎狗的大脑袋是伸不进猎物残骸内的，兀鹫却能非常轻松地将头伸进去，香喷喷的肉就这么到嘴了。

知识扩展

更格卢鼠的自我介绍：我叫更格卢鼠，有的人喜欢称我为“袋鼠鼠”。擅长跳跃的我主要生活在荒地和草原地区。

咦，你还在为口渴而发愁？更格卢鼠就没有这样的烦恼，它们甚至可以一生都不喝水。事实上，更格卢鼠也需要水分维持生命，只不过需求量比较小罢了。更格卢鼠会吃潮湿的种子，种子中的糖类就能代谢成水分，满足更格卢鼠的日常需水量。

储水诀窍

“水是生命之源”，离开了水，生物便不能存活。嗯？你在担心一些动物没有便携的水喝？那你可以放宽心了，它们虽然没有便携的瓶装水，但却有自己的储水法宝，能随时随地为自己解渴。它们的尾巴、膀胱、皮肤……都是天然的蓄水池。出发吧！去瞧瞧它们到底有哪些储水的诀窍。

膀胱储水

下雨的时候，储水蛙会拼尽全力地吸收雨水，吸收来的水分，会被储水蛙存进膀胱和皮肤袋中，这些水一般能维持到下次降雨。天气炎热时，储水蛙会钻进自己提前挖好的地洞，用皮肤生成的防水茧把自己裹起来，防止体内的水分流失。接下来，只需耐心等待再次降雨了。

驼峰供水

双峰驼的驼峰，堪称它的“急救箱”。食物短缺，别着急，驼峰来解决；渴了没水喝，别烦恼，驼峰再次闪亮登场。缺水时，驼峰中的脂肪会分解出水分，供双峰驼生存需要。双峰驼能在极其恶劣的环境下生存，“急救箱”功不可没。

集水大师

棘蜥的身体表面长满了尖刺，尖刺上有着细小的凹槽，凹槽可以通向棘蜥的嘴巴。这些尖刺就像长在棘蜥身上的吸管，棘蜥只需要走动走动，周围的水分就会顺着凹槽流进棘蜥的嘴中。多亏有这些“吸管”，棘蜥才能轻而易举地喝饱水。

移动水杯

吉拉毒蜥随身带着个水杯，什么？你没看见它的水杯？吉拉毒蜥的尾巴就是它的“水杯”。吉拉毒蜥会把吃下的食物转化成脂肪存进尾巴里，缺水时，吉拉毒蜥就从“水杯”中提取水分，是不是很方便？

睡眠节水

鱼离开水也能活？是的。淡水鱼中的肺鱼就算离开了水，也不会变成小鱼干。旱季的时候，河床便会干枯，肺鱼就选择在此时钻进泥洞中，进入休眠期，以减少能量的消耗。等到河水泛滥的时候，肺鱼就会重新“活”过来。

入夏后，随着海水温度的升高，海底小生物渐渐浮出海面，进行觅食、繁殖活动。此时，以海底小生物为食的海参就被迫断粮了。没有食物的海参，寸步难行，只好窝在海底睡个觉。等小生物回到海底，海参就能继续享用美食啦！

入睡指南

为了抵抗夏天的高温、冬天的酷寒和饥饿的难耐，有些小动物就需要调节自身的代谢速度。那么问题来了，该用什么样的方式调节呢？这可难坏了它们。好困啊！算了，不想了，先去睡一觉，等醒来再继续想办法好了。然而，睡醒的小动物们惊奇地发现，它们的难题竟通过睡觉悄然解决了。太棒啦！它们终于找到了解决方案——休眠。

一睡到底

四爪陆龟一年主要就做两件事：繁殖、睡觉。四爪陆龟在早春时节醒来，寻找食物来补充能量和完成繁殖，等到初夏时它便又回到洞中继续它的睡觉大业。四爪陆龟一年大概有3/4的时间都在睡觉，这样的生活也太惬意了吧！

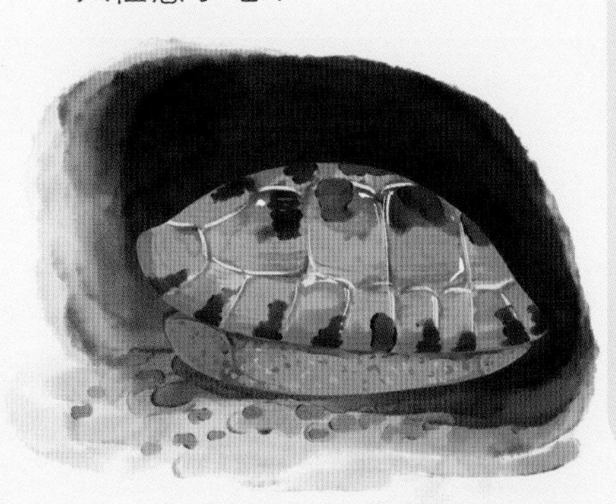

充足睡眠

你没见过睡鼠？那就对了。睡鼠的名字很贴合它的形象，它的大部分时间都用来睡觉了，所以想见它一面十分不易。睡鼠会在夏天觅食，为自己储存过冬的食物。等到深秋，睡鼠就会躲进洞穴，蜷成一个球，以冬眠的方式来减缓代谢速度。

与众不同

大多数的蛇只在冬天休眠，但黑眉蝮蛇就不一样了，它夏天也要休眠。别误会，黑眉蝮蛇并不是在偷懒，它其实是为了节省体力。只有在春秋候鸟经过时，它才活动筋骨，饱餐一顿。

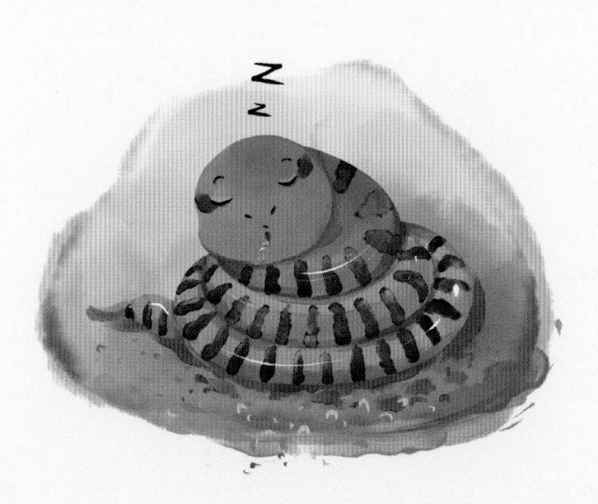

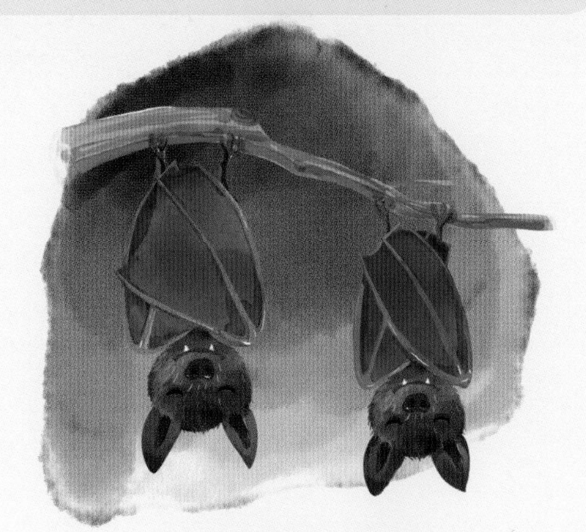

不同的冬眠

别人正着，它倒着；别人躺着，它挂着，就算是冬眠，蝙蝠也要睡出不同。蝙蝠一般都有冬眠的习性，冬眠不仅可以降低蝙蝠的新陈代谢，还能减缓它的流血速度。冬眠时的蝙蝠会用翅膀将身体紧紧地包裹住，就好像裹着一床大棉被，十分暖和。

专心休眠

蜗牛在冬、夏两季都要休眠。夏天的时候，蜗牛会躲入随身携带的“小房子”，进入夏眠；到了晚秋，蜗牛就会搬家，住进石缝、洞穴中，开始冬眠。进入休眠时，蜗牛还会用分泌出的黏液把壳口封起来，这样谁也打扰不到它啦！

有的动物拿秘密武器来御敌，有的动物却拿秘密武器来诱敌。啮龟的嘴巴里长着一个神奇的附属器官，像极了蠕动的小虫子。张大嘴巴的啮龟会露出这个附属器官来吸引过往的猎物，不少的鱼、鸟就因此成为了啮龟的加餐。

知识扩展

啮龟的自我介绍：我叫啮龟，主要生活在密西西比河流域。我爱吃的食物太多了，例如小鱼、小虾、螺、水鸟、水草等。

秘密武器

咦，你以为只有人类才拥有武器？不是的，事实上，许多动物都拥有自己的秘密武器。有了这些武器的协助，局势便能在刹那间逆转。你瞧，那些起初耀武扬威的，现在已落荒而逃了；而那些起初惊慌失措的，现在却打了胜仗。其中究竟发生了什么？快随我去看看吧！

坚硬盔甲

穿山甲的身体表面覆满了棕褐色的鳞片，就像披着一件盔甲。遇到袭击时，穿山甲会迅速地紧缩成球状，只露出坚硬的外壳。被坚硬外壳裹住的穿山甲令捕猎者无从下口，这些捕猎者只好心不甘情不愿地放弃了。

体形骗局

没有坚硬的盔甲怎么办？没关系，那就从气势上压倒敌人。当海蟾蜍遇到敌人时，它们会扩张自己的肺部，使身体膨胀起来。看着突然“长大”的海蟾蜍，敌人被吓坏了，只能灰溜溜地离开了。

贴身警报器

响尾蛇的尾巴就像一串铃铛，它的尾巴由一串中空的角质环构成。遇到危险时，响尾蛇只需轻轻地摆动尾巴，角质环就能因为相互碰撞发出“沙沙”的声响，听到“警报”的敌人就不敢再轻举妄动了。

御敌臭液

遇到危险时，臭鼬会先做出一连串警告动作，如果敌人还妄想靠近它，那就别怪它不客气了。臭鼬的尾巴下藏着臭腺，臭腺喷射的臭液不仅臭，还可能会让敌人窒息。所以，还是不要轻易招惹臭鼬为好。

明处观察

你能想象吗？睁着眼睛也能睡觉。大多数的鱼因为没有眼睑，所以它们的眼睛无论如何都闭不上。当捕食者靠近鱼儿时，就会纠结，这鱼到底是睡着了，还是在观察我，准备伺机而动？拥有这样“特异功能”的鱼，给捕猎者增加了不少烦恼。

为了躲避冬天的寒冷，每年秋天，美洲王蝶会成群结队地从加拿大飞往美国加利福尼亚州。在经历 3000 多千米的旅程后，它们就能享受到南方的温暖阳光了。漫长的旅行，免不了会让它们感到疲惫，这时路上的树就成了它们的“驿站”。

知识扩展

王蝶的自我介绍：我叫王蝶，有的人会叫我君主斑蝶。小时候的我比较喜欢吃乳液植物，等到成年以后，我就更偏爱吃腐烂果实的汁液了。

艰辛的旅行

季节的变换，往往伴随着温度的变化。为了应对环境的改变，不少动物会选择迁徙。成群结队的动物离开原来的居住地，它们跨越千山万水，只为找到更适合它们生存的环境。旅途虽然充满了艰难与险阻，但幸运的是，它们也因此结识了一群相互扶持的旅伴。快跟上，别掉队，漫长的旅行就此开始啦！

变换的位置

迁徙时，大雁总是呈“人”字形列队而飞。这是因为，头雁的翅膀掠过空中时会产生一股气流，这气流便能帮助后面大雁节省体力。当头雁是个体力活儿，所以大雁们要经常变换位置，轮流当头雁，这样每只雁都能有歇息和放松的时间啦！

思乡心切

绿海龟有一个习惯，每到繁殖期，无论身在何处，它们都要返回出生地。漫长的旅途，缓慢的游动速度，半点儿都挡不住它们想要回故乡的心。绿海龟每隔两三年就要回一趟故乡，看来它们真的很“恋家”啊！

空中旅行达人

尖尾雨燕一天能飞 800 多公里，称得上是长途飞行的冠军了。迁徙时，尖尾雨燕最快时的飞行速度堪比高铁。令人惊讶的是，在飞行的过程中它们不但能进食、喝水，甚至还可以完成配对。

陆地旅行达人

在已知陆地动物中，迁徙距离比较长的就是北美驯鹿了。夏末的时候，北美驯鹿从北极冰原启程，前往南部的森林过冬。等到天气暖和了，北极驯鹿再返回北极冰原。这段往返的路程长 5000 多公里呢！

贴心旅伴

斑马是非常贴心的旅伴。斑马群总是和角马群“组团”迁徙，在迁徙的途中，斑马会将那些又长又老的草吃掉，而那些鲜嫩的小草，它们会留给角马吃。能和这样的旅伴同行，角马也太幸福了吧！

毛茸茸的鸭嘴兽看起来十分友善，扁扁的嘴巴更是为它增加了不少憨厚感。然而，这家伙可没有看上去那么好欺负。雄性鸭嘴兽的尖爪连着其腿部的毒腺，尖爪刺中敌人后会使敌人麻痹。遇到鸭嘴兽，千万别掉以轻心哪！

知识扩展

鸭嘴兽的自我介绍：我叫鸭嘴兽，也叫鸭獭，主要居住在水畔的洞穴中。我很擅长游泳，闲着的时候我会去水中捕些蚯蚓、小虾吃。

毒药研究室

生活在危机四伏的动物界，怎能没点儿傍身的绝技呢。动物界隐藏着一批优秀的“用毒高手”，它们能在无形中将对手催眠、麻醉，甚至还能使对手中毒而亡。若不幸被它们盯上，可就要倒大霉啦！所以，若是碰到它们，还是赶快躲远点儿吧，免得一不小心就惹来杀身之祸！

毒液喷雾

喷雾甲虫十分与众不同，它喷出的是气体与液体的混合物。这混合物不但是有毒的，还是滚烫的。当喷雾甲虫遇到危险时，它就会从液囊中喷出气液混合喷雾，喷雾还能爆发出巨响。是不是很可怕?

麻醉医师

小个头的鸡心螺看起来好像没什么威胁，事实上，鸡心螺并不是个善茬儿，它危险着呢！鸡心螺的齿舌可以向对手注射毒液，毒液不仅能麻痹对手，甚至还能使对手一命呜呼。可别被它的外表骗啦！

多用墨汁

想要抓住乌贼，可没那么容易。遇到危险时，乌贼会从肚中的墨囊中喷射出带有毒素的墨汁。这些墨汁不仅能染黑周围的海水，甚至还能麻痹对手呢！有了墨汁的保驾护航，逃跑就变得容易多了。

小型杀手

蓝圈章鱼是海底世界的“金牌杀手”。体形不大的蓝圈章鱼，有着非常强的毒性。猎物如果被它咬上一口，可能连十分钟都撑不过去，就死亡了。蓝圈章鱼小小的身体里，可藏着大大的能量呢！

涂抹防护液

蜂猴很会另辟蹊径。为了能拥有一张有毒的嘴巴，蜂猴会舔自己手肘部的毒腺，这样毒液就能与唾液充分混合了。令捕猎者更头痛的是，蜂猴为了防止幼崽被猎食，竟还将毒液涂在幼崽的皮毛上。

虎大王锐利的牙齿是非常厉害的攻击武器，较大的犬牙紧紧地咬住猎物的喉部，直至猎物彻底死亡；小一点儿的门牙则用来褪去猎物的皮和毛；坚硬的臼齿是负责剔肉和咀嚼的。你看，每一颗牙都分工明确呢！

“铁”嘴“铜”牙

嘴和牙的重要性不言而喻。在动物界，嘴和牙不仅是采集食物、咀嚼食物的重要工具，有时还是搏斗时的关键武器，有些甚至还能发挥出你想象不到的功能。你以为它有锋利的牙齿，实际上它并没有牙；你以为它没有牙齿，实际上它长了很多牙；你以为它“头上有犄角”，事实上那是它的牙……动物界真让人捉摸不透哇！

以喙取胜

胡兀鹫是没有牙齿的，仅用喙就能将肉从结实的动物尸体上撕下，并且还能嚼碎小骨头。至于那些大骨头，胡兀鹫只有另想办法了。它们会将大骨头从高空抛下，摔成便于自己食用的小骨头，是不是很聪明啊！

忙碌的牙

海象长长的牙齿发挥着许多功能。面对敌人时，海象的牙就是精良的格斗武器。在冰面上前进时，长牙就是海象的“拐杖”，用来撑起它的身体。除此之外，海象的长牙还能凿开冰面，帮它从冰下挖取食物。

成千上万的牙

如果你以为蜗牛没有牙齿，那就大错特错了。蜗牛不仅有牙齿，还是牙齿最多的动物之一。蜗牛的牙齿长在它的舌头上，约有一万多颗，很小很小，用肉眼是根本看不到的。这些牙齿虽然小，但却很锋利，被咬一口可是很痛的哦！

备用牙齿

大白鲨有很多颗牙齿，呈好几排。平时，只有最外排的牙齿发挥着作用，负责攻击和咀嚼，其余的都是备用牙齿。一旦最外排有牙齿脱落，备用牙齿就会毫不犹豫地“替补”上去。没想到这家伙还自带“补牙”功能呢！

特殊的角

一角鲸的角，并不是真的角，而是特化的左侧犬齿。一角鲸的犬齿不仅仅是它们打斗的武器，也是它们在族群中的身份象征。犬齿越长、越粗的一角鲸，在族群中的地位也就越高。对了，一角鲸的牙齿还能帮它争夺配偶权呢！

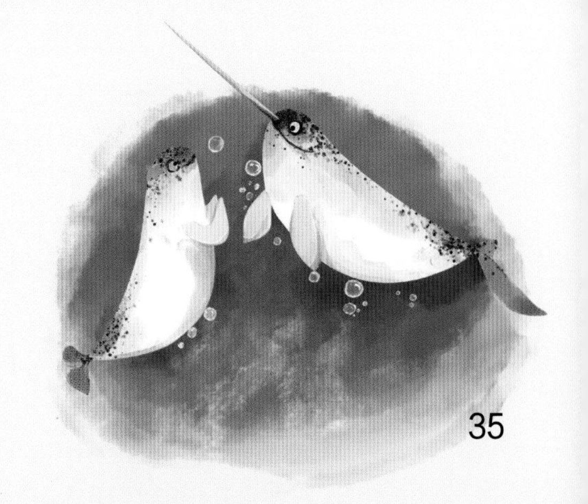

与其他蛇相比，几乎没有攻击性的猪鼻蛇就显得十分温顺。遇到敌人，猪鼻蛇会先发出“嘶嘶嘶”声，警告敌人快点儿离开。如果这招不管用，那就只能翻个身，露出肚皮，吐出舌头，装死了。掉以轻心的对手就好对付多啦！

知识扩展

猪鼻蛇的自我介绍：我叫猪鼻蛇，主要生活在北美洲、南美洲等地。我很爱吃蜥蜴、蛙、蟾蜍等。我的性格十分温顺，一般不会主动地攻击别人。

逃生秘籍

动物们虽然没有读过《三十六计》，但也懂得“走为上计”的道理。怎样才能从敌人的眼皮子底下溜走呢？这真是值得深思的问题。逃生其实是个技术活，单靠运气显然行不通，经验、智慧才是必不可少的。走，和我去向动物们学习一下到底怎样做才能让自己成功地逃生吧！

尾巴替身

壁虎在“逃生圈”算是赫赫有名的了。遇到敌人时，壁虎会自动断尾，给自己制造一个替身。断掉的尾巴仍会蠕动，就像是一条可口的蠕虫。敌人被替身分散注意力后，壁虎就能趁机逃跑了，而断掉的尾巴也会在不久后重新长出。

装死避敌

正是掌握了大多数捕猎者喜爱吃新鲜猎物的喜好，负鼠才能一次又一次成功地逃生。负鼠很擅长装死，双眼紧闭，四脚朝天，一动不动地躺着，肛门臭腺还会排出黄色臭液。捕猎者闻到后，就误以为负鼠早死了，都腐烂了，自然再也提不起兴趣吃它了。

喷射内脏

遇到敌人袭击时，机警的海参会果断地将自己的内脏喷射出来。敌人被海参这突如其来的举动吓得分了神，海参就能成功逃脱啦！逃脱后的海参，只需休养休养，就能长出新的内脏。几十天后，它就又是一条“好汉”了。

行走的血袋

发现一只正在喷血的帝王角蜥。它受伤了吗？当然不是，那只是它为逃生使用的障眼法。帝王角蜥的逃生方法很古怪，遇险时，帝王角蜥会从眼部的后方喷出血柱迷惑对方，等敌人放松警惕，它就能顺利逃跑啦！

受伤的鸟

巢穴被敌人盯上是件特别棘手的事，怎样才能保护好自己的“家”及“家”中的蛋呢？鸻鸟做出了正确示范。假装负伤的鸻鸟，会在地面上乱窜。敌人以为能轻易捕获鸻鸟，便上前追赶，巢穴就保住啦！这招“调虎离山”用得也太妙了吧！

俗话说，“灭蚜先灭蚁”。蚂蚁虽然体形瘦小，却是个难得的忠诚“保镖”。蚜虫遭瓢虫围堵时，蚂蚁会奋不顾身地搭救蚜虫。对于保护自己的蚂蚁，蚜虫也会给予回报，它会将自身分泌出的蜜露作为酬谢上交给蚂蚁。

私人保镖

差点儿被抓住，还好有“保镖”来帮忙；差点儿被吃掉，还好有“保镖”的救助；被欺负了，别怕，“保镖”来给你撑腰……有这样一群动物，尽管它们可能没有强健的体魄，但它们依然会竭尽全力地去保护、营救“雇主”。“保镖”们如此尽职尽责，“雇主”当然不好意思不交“保护费”啦！

身体里的“保镖”

鞭毛虫是个特殊的“保镖”，它寄居在白蚁的肠道内，保护着白蚁的生命健康。许多白蚁都喜爱吃木屑，但它们体内又没有能消化木屑的酶。得亏有能分解木屑的鞭毛虫，白蚁的身体才没有出问题。鞭毛虫在分解木屑时，也会从中汲取养分，真是一举两得。

彼此的“保镖”

海葵是小丑鱼的“保护伞”。小丑鱼体表的黏液可以使其不被海葵伤害，遇到危险时小丑鱼会立即躲进海葵里，惧怕海葵毒触手的敌人，便不敢再靠近了。同样的，当海葵被鲽鱼攻击时，小丑鱼也会施以援手。

轻便的“保镖”

因为海葵虾随身揣着两个“小保镖”——红海葵，所以许多生物见到海葵虾都会绕道走。一旦海葵虾遇到危险，红海葵就会用有毒的触手攻击敌人，敌人便不敢轻举妄动了。作为回报，海葵虾也会为红海葵提供免费的“工作餐”。

有毒的“保镖”

北非黑肥尾蝎不会挖洞，那它住哪里呢？放心，聪明的它才不会让自己处于无家可归的尴尬境地呢！它会向埃及王者蜥“租”一间房，再用自己给埃及王者蜥当“保镖”的工资来支付房租。北非黑肥尾蝎就是靠着尾部的毒刺来保护埃及王者蜥的安全的。

口腔“保镖”

身形庞大的鳄鱼却有一个小个子保镖。当鳄鱼吃饱喝足后，它就会大张嘴巴，这时牙签鸟就会钻进去吃掉鳄鱼嘴中的食物残渣和寄生虫。有时牙签鸟还会替鳄鱼放放哨，发现敌情后牙签鸟会通知鳄鱼，鳄鱼便会及时潜入水底躲避。

知识扩展

虎鲸的自我介绍：我叫虎鲸，主要生活在极地及温带海域。我的性情十分凶猛，擅于主动进攻。我的绝招是利用“回声定位”来获取猎物的位置，是不是很厉害？

虎鲸可以发出 60 多种不同的声音，堪称海底的“歌唱家”。小虎鲸会跟在妈妈身边生活一年，这一年的时间里，小虎鲸会从妈妈那里学习到如何游泳才能省力，及各种“语言”的使用方法和捕猎技巧。小虎鲸的学习能力这么强，妈妈一点儿也不担心它的“期末成绩”啦！

动物课堂

经历了出生和成长，动物们已经渐渐地长大。“少年当自强”，是时候告别父母，出去闯一闯了。你看，它们已经迫不及待地要去开启自己的人生旅程了。但在出发之前，它们少不了要被长辈唠叨几句：这个技能你学会了吗？那个本领你记牢了吗？算了，算了，干脆再复习一遍吧！

悲惨教具

猫妈妈抓住了一只老鼠，但并不着急吃掉它。猫妈妈会把老鼠带回家，给小猫们上一堂别开生面的猎捕课。如果老鼠从课堂上溜走，猫妈妈会再次将老鼠捉回来，继续为小猫们演示。对老鼠而言，这堂课也太煎熬了吧！

实用的嘴

生活在美洲热带雨林的巨嘴鸟长着色彩艳丽的大长嘴，它的嘴不仅极具观赏性，还有很高的实用价值。年幼的巨嘴鸟会跟着家族中的长辈学习如何使用它们的嘴取食，雄性的巨嘴鸟还要学会如何用它们的嘴吸引伴侣。这难道就是“得嘴者，得天下”吗？

实战教学

成年的狮子在追捉猎物时，会让小狮子躲在一旁学习捕猎技巧。如何悄无声息地接近猎物，如何有效地发起致命攻击，如何与同伴们进行配合……这堂课的内容真不少，千万要记牢！

工具指南

黑猩猩妈妈就像一本行走的工具指南，它会教小黑猩猩各类工具的使用方法。瞧，小黑猩猩正在用木棍掏白蚁吃呢，看来它已经完全掌握了树枝、木棍等工具的使用技巧。太好了，就算与妈妈分别，小黑猩猩也能自食其力了！

声乐教学

狼宝宝一个月大的时候，就要开始学习“声乐”知识了。怎样的叫声能吓退敌人，怎样的叫声能为迷路的伙伴指引道路，怎样的叫声能向同伴求救……认真地跟着长辈们学习吧，这里面的学问可多着呢！

当你酣然入睡时，袋獾却还在辛勤"工作"。夜幕降临，袋獾也就开始行动了，它们的目标明确：动物的残骸。许多猎食者并不喜爱吃猎物的骨头、皮毛、蹄子，那就都留给袋獾吧！袋獾一点儿都不挑剔，会把它们全部吃光。

动物清洁工

动物界有这样一群“清洁工”，它们为世界做出了卓越的贡献。这些“清洁工”饱餐一顿，世界就能干净一点儿。动物的尸体、别的捕食者扔下的残羹剩饭、腐烂的植物，就连人类制造的废纸屑它们也能清除得一干二净。想知道这些勤劳的“清洁工”都有谁吗？同我一起去寻找答案吧！

沙滩清洁机

潮汐褪去的海滩上，总能看到鬼蟹忙碌的身影，它们正忙着搜寻海滩的垃圾呢！被冲上岸的植物和动物残骸，都是鬼蟹“清扫”的目标。正是因为有鬼蟹的存在，海滩才能干净不少。

全能清扫工

蟑螂几乎没什么不能“打扫”的。动物的粪便、昆虫的尸体、腐烂的果子、废弃的纸片，蟑螂都能清理得干干净净。哇，那蟑螂岂不是越多越好。不是的哟！如果蟑螂出现在人类家中，那它就是个十足的破坏王，它会弄脏人类的食物，还会传播多种疾病。

王牌吸渣器

海港能保持干干净净的，海鸥也出了一份力。海鸥经常尾随人类的船只，搜寻那些被人类丢弃的漂浮在水面上的残羹剩饭。有时，海鸥还会在水面或岸边发现大型海洋动物的尸体，这就意味着海鸥要“加班”了。

废物回收站

蚯蚓就像是一座移动的“废物回收站”，它不仅能消化玻璃、金属、塑料等坚硬的垃圾，还能消化动物的粪便、土壤中的细菌等。消化后的排泄物，还能变成对土壤有利的肥料呢！

废物再利用

白蚁的足迹几乎遍布全球，是生态系统中不可或缺的一员。白蚁体内的酶能将枯木分解成对自己身体有益的物质。白蚁还能用枯木建筑巢穴，等白蚁死后，它们巢穴中的营养物质便会渗进土壤，土壤就能变得更加肥沃了。

捕捉老鼠可不是个轻松活儿，难免要上蹿下跳，所以猫的毛很容易就会沾上污垢和寄生虫。因此，猫每天都会花费大量的时间来擦洗自己的身体。猫的舌头表面很粗糙，就像一张天然的搓澡巾，是很好的去污工具。

知识扩展

猫的自我介绍：我是猫，鱼和老鼠是我爱吃的食物。悄悄地告诉你，我比较喜欢吃温热的食物，冷食会减退我的食欲，还可能使我生病。

日常清洁

为了有个健康的身体，也为了赢得配偶的喜爱，动物们会时常清洁自己的身体，整理自己的仪容仪表。它们的爪子、舌头和喙都是它们常用的清洁工具。梳理下自己的毛发或羽毛，清理下身上的寄生虫，够不到的地方就请小伙伴来帮忙，每天都要干干净净、光鲜亮丽地出门！

护肤达人

平整洁净的羽毛不但可以保护鸟的皮肤，而且有利它们飞行，很多鸟都喜欢梳理自己的羽毛，绿头鸭也不例外。绿头鸭把自己的羽毛梳顺后，还会用喙为羽毛涂上保护油。绿头鸭尾部脂腺分泌出的油脂是防水佳品呢！

意料之外

虽然苍蝇总是在尸体上或垃圾堆里觅食，但是日常自我清洁它却一点儿也没落下。苍蝇吃饱喝足后，会用脚互搓，等脚搓干净后，再用脚把嘴巴也擦干净。你瞧，这和你印象中的苍蝇是不是不太一样？

定期清理

我们常常看到这样的画面：美洲豹用爪子在自己的脸上抹来抹去。你以为它是在挠痒痒？别误会，其实它是在洗脸。美洲豹很爱干净，它会先用爪子将脸上的灰尘、树叶及昆虫擦净，接着，再用舌头将爪子清理好。

相互清理

猴子会帮同伴清理身体。它们把同伴的毛发翻来翻去，仔细地寻找藏在毛发里的种子、碎屑、跳蚤及汗水凝结的盐粒。你以为相互清洁身体仅仅是为了保持干净吗？不，猴子聪明着呢，它们更是为了促进感情。

乐于助人

动物界有许多“热心肠”的动物，清洁虾就是其中一员。大多数的鱼都不会清洁自己的身体，那怎么办呢？别担心，热心的清洁虾会帮它们清掉身上的死皮和寄生虫。有时，清洁虾还会钻进海鳗的口腔，帮它“刷牙”。

中美珊瑚蛇是个很难缠的对手，很多捕猎者都会对它避而远之。没毒的奶蛇因为与中美珊瑚蛇的体色相近，很多捕猎者都把它误认成了有剧毒的中美珊瑚蛇。那些捕猎者可能到现在都没发现这是个冒牌货。

知识扩展

奶蛇的自我介绍：我是奶蛇，喜欢居住在荫蔽的潮湿杂草中。我的体色和凶猛的中美珊瑚蛇很像，这帮我躲过了不少危险。

变装派对

动物界有一批演员，它们身着“变装”，可以模仿植物、模仿环境，甚至还能模仿其他动物，是不是很厉害？平时，这些演员利用不同的“身份”潜藏在世界各地：广阔的海滩、茂盛的森林……今天，恰逢它们举行“变装派对”，快跟我一块儿去派对上寻找它们的身影吧！

危险的花

这朵黄色的“花”有个小秘密——它其实是只蜘蛛。有些蟹蛛可以改变自己的体色，它们会潜伏在颜色相近的花瓣上，等待前来采蜜的昆虫。毫无戒心的昆虫很容易沦为蟹蛛的晚餐，有些昆虫，可能到死都没发现端倪，真是太可怜了！

有毒的石头

石鱼会像石头一样静静地趴在海床上，因为和礁石长得很像，很多生物都以为它只是一块普通的石头。石鱼一般不会主动出击，它会等待猎物自己送上门。石鱼背上的棘刺可以向猎物喷射毒液，有时猎物还没等反应过来，就一命呜呼了。

隐身高手

大多数的竹节虫都有着细长的身体，当它安静地卧在树枝上时，就像是树枝的一部分。小部分的竹节虫长着宽扁的身体，看上去就像植物的叶片。就算捕猎者见到它们，也很难识破它们的“伪装”。

飞走的枯叶

咦，那片枯叶怎么在动！别惊讶，它其实是一种蝶。停落时，枯叶蝶的外形酷似一片枯叶，其后翅的褐色横线，就像是树叶的叶脉，翅上的灰褐色斑，就像是树叶上的病斑。一旦枯叶蝶起飞，便会露出翅膀的另一面，美丽的“容貌”瞬间就能恢复了。

漂亮的外套

兰花螳螂因外形和兰花相似而得名。一动不动的兰花螳螂看上去像极了美丽的粉色兰花。身着“变装”的兰花螳螂，不仅可以躲避捕猎者的追捕，还能轻而易举地猎食前来授粉的昆虫，真是一举两得呢！

图书在版编目（CIP）数据

动物生存的秘密 / 马玉玲编著. -- 长春 : 吉林科学技术出版社, 2023.4
（动物秘密大搜罗）
ISBN 978-7-5744-0185-3

Ⅰ. ①动… Ⅱ. ①马… Ⅲ. ①动物－儿童读物 Ⅳ. ①Q95-49

中国国家版本馆CIP数据核字(2023)第056482号

动物秘密大搜罗 · 动物生存的秘密

DONGWU MIMI DA SOULUO · DONGWU SHENGCUN DE MIMI

编　　著　马玉玲
出 版 人　宛　霞
责任编辑　石　焱
幅面尺寸　226 mm×240 mm
开　　本　12
印　　张　4
字　　数　50千字
页　　数　48
印　　数　1-7 000册
版　　次　2023年4月第1版
印　　次　2023年4月第1次印刷

出　　版　吉林科学技术出版社
发　　行　吉林科学技术出版社
地　　址　长春市福祉大路5788号出版大厦A座
邮　　编　130118
发行部传真 / 电话　0431-81629529　81629530　81629531　81629532　81629533　81629534
储运部电话　0431-86059116
编辑部电话　0431-81629380
印　　刷　长春新华印刷集团有限公司
书　　号　ISBN 978-7-5744-0185-3
定　　价　29.90元